Herbert Fackler

Nachwachsende einheimische Rohstoffe und ihre Verwendung

GRIN Verlag

Bibliografische Information der Deutschen Nationalbibliothek:

Die Deutsche Bibliothek verzeichnet diese Publikation in der Deutschen National-
bibliografie; detaillierte bibliografische Daten sind im Internet über http://dnb.d-
nb.de/ abrufbar.

Impressum:

Copyright © 2006 GRIN Verlag GmbH
Druck und Bindung: Books on Demand GmbH, Norderstedt Germany
ISBN: 978-3-656-61686-3

Dieses Buch bei GRIN:

http://www.grin.com/de/e-book/270227/nachwachsende-einheimische-rohstoffe-
und-ihre-verwendung

GRIN - Your knowledge has value

Der GRIN Verlag publiziert seit 1998 wissenschaftliche Arbeiten von Studenten, Hochschullehrern und anderen Akademikern als eBook und gedrucktes Buch. Die Verlagswebsite www.grin.com ist die ideale Plattform zur Veröffentlichung von Hausarbeiten, Abschlussarbeiten, wissenschaftlichen Aufsätzen, Dissertationen und Fachbüchern.

Besuchen Sie uns im Internet:

http://www.grin.com/

http://www.facebook.com/grincom

http://www.twitter.com/grin_com

ILLERTAL-GYMNASIUM VÖHRINGEN

Naturwissenschaftlich-technologisches Gymnasium
Wirtschaftswissenschaftliches Gymnasium

Kollegstufe

Zum Sportplatz 17
89269 Vöhringen-Illerzell

Kollegstufenjahrgang: 2004/2006

Facharbeit

im Leistungskurs

C H E M I E

Thema: *Nachwachsende einheimische Rohstoffe und ihre
Verwendung*

Verfasser: Herbert Fackler

Abgabetermin: 27. Januar 2006

Note der schriftlichen Facharbeit:: ....
(einfache Wertung)

Note der mündlichen Prüfung: ....
(einfache Wertung)

Abgabe beim Kollegstufenbetreuer am ....

....
Unterschrift des Kursleiters

Inhaltsverzeichnis

1 Vorwort   **3**

2 Kunst- und Verbundstoffe auf der Basis von nachwachsenden Rohstoffen   **4**

   2.1 Biologisch abbaubare Kunststoffe aus Stärke   4

      2.1.1 Thermoplastische Stärke und Verbundmaterialien mit Stärke   5

      2.1.2 Laborversuch: Herstellung einer Stärkefolie   5

      2.1.3 Stärke in Blends (Mischungen) mit anderen Polymeren   6

   2.2 Verpackungen aus Polymilchsäure   6

      2.2.1 Herstellung   6

      2.2.2 Biologischer Abbau   7

3 Biogene Hydraulik- und Schmieröle   **8**

   3.1 Chemischer Hintergrund   8

      3.1.1 Naturbelassene Öle   9

      3.1.2 Synthetische Ester 10

   3.2 Diskussion der Vor- und Nachteile biogener Hydraulik- und Schmieröle . . . 11

4 Kraftstoffe aus nachwachsenden Rohstoffen   **13**

   4.1 „Biodiesel" 13

      4.1.1 Herstellung 14

      4.1.2 Laborversuche zur basenkatalysierten Umesterung von Rapsöl 16

      4.1.3 Vergleich mit handelsüblichem Diesel 19

      4.1.4 Auftretende Probleme in der Praxis 20

   4.2 „Bioethanol" 20

      4.2.1 Herstellung 20

      4.2.2 Laborversuch zur Herstellung von „Bioethanol" 21

      4.2.3 Vergleich mit handelsüblichem Benzin 26

5 Nachwort   **28**

Literaturverzeichnis   **29**

Bild- und Abbildungsnachweis   **32**

Kapitel 1

Vorwort

Nicht zuletzt die Ölkrise in den 70er Jahren des vergangenen Jahrhunderts hat uns sehr deutlich unsere wirtschaftliche und auch soziale Abhängigkeit von den fossilen Energieträgern Erdöl und Erdgas vor Augen geführt. Auch in der heutigen Zeit mehren sich immer mehr die Stimmen, die vor einer zunehmenden Rohölverknappung in den nächsten Jahrzehnten und den daraus wohl rapide steigenden Preisen für fossile Brennstoffe warnen. Hinzu kommt der immer noch steigende Ausstoß an Treibhausgasen durch die Verbrennung von Erdöl und dessen Derivaten. Als Paradebeispiel hierfür gilt sicherlich die CO_2 - Emission im Straßenverkehr. So wird damit gerechnet, dass die CO_2-Emissionen in der EU im Verkehrsbereich in den Jahren 1990 - 2010 um 50 % auf ca. 1,113 Mrd. Tonnen steigen werde, wobei der Straßenverkehr für 84% des CO_2-Ausstoßes verantwortlich sei [1].

Die Nutzung von Erdöl beschränkt sich allerdings nicht nur auf die Lieferung von Energie. Nicht zu unterschätzen ist auch das Potential von Erdöl und Erdgas Rohstoff für die organisch-chemische Industrie. Auf den von der Petrochemie aus Erdöl gewonnenen Grundstoffen basiert eine Vielzahl von Produkten des alltäglichen Gebrauchs wie Seifen, Waschmittel, Kunststoffe, Kunstseide,...[2]. Tritt die erwartete Rohölverknappung bzw. Rohölverteuerung ein, so sind wohl auch Einschnitte in diesem Bereich zu erwarten. Aufgrund dieser Vielzahl von Problemen und Schwierigkeiten ist es unumgänglich, sich auf die Suche nach neuen Energieträgern und Rohstoffen zu begeben, die sowohl umweltschonend als auch billig sind.

Nichts liegt dabei näher, als die einheimischen und nachwachsenden Rohstoffe zu verwenden. Diese land- und forstwirtschaftlich erzeugten Stoffe und Materialien, die von der Natur kontinuierlich aufgebaut und produziert werden, versprechen auch im Nichtnahrungsmittelbereich eine umweltgerechte und nachhaltige Nutzung.

Die nachfolgende Facharbeit will anhand ausgewählter Beispiele nicht nur die vielfältigen Verwendungsmöglichkeiten für nachwachsende Rohstoffe aufzeigen, sondern hat neben der Darstellung der Verarbeitungs- und Produktionsprozesse auch das Ziel, die chemisch-technischen Hintergründe darzulegen. Nicht verschwiegen werden sollen aber auch die Schwierigkeiten, die momentan evtl. noch auftreten. Ein großes Augenmerk soll aber vor allem auf die Verwendung von nachwachsenden Rohstoffen im Kraftstoffsektor gelegt werden, da hier gewiss das größte Interesse in Politik, Wirtschaft und Gesellschaft besteht.

Kapitel 2

Kunst- und Verbundstoffe auf der Basis von nachwachsenden Rohstoffen

Kunststoffe sind heutzutage ein unverzichtbarer Bestandteil unseres alltäglichen Lebens. Durch ihr geringes Gewicht und ihrer dabei doch großen Stabilität, aber auch wegen ihrer Formbarkeit und vielseitigen Verwendbarkeit sind sie nicht mehr wegzudenken. Allerdings können sie als synthetisch hergestellte Stoffe von den natürlichen Mikroorgranismen in der Regel nicht abgebaut werden und verrotten so nicht in der freien Natur. Des Weiteren werden sie zum größten Teil aus Erdöl hergestellt und unterliegen somit in einiger Zeit wohl ebenfalls der allgemeinen Rohstoffknappheit des Erdöls.

Aus unseren einheimischen nachwachsenden Rohstoffen ist es möglich, Kunststoffe herzustellen. Diese haben vielmals sogar den Vorteil, eine Molekülstruktur zu besitzen, die es Mikroorganismen ermöglicht, den Kunststoff zu Kohlenstoffdioxid und Wasser abzubauen. Dies soll an den folgenden ausgewählten Beispielen veranschaulicht werden.

2.1 Biologisch abbaubare Kunststoffe aus Stärke

Stärke ist ein vielfältig einsetzbarer nachwachsender Rohstoff. Sie ist großer Bestandteil vieler bei uns heimischer Pflanzen wie Mais und Kartoffeln und kommt in allen Getreidearten vor. Für die Kunststoffproduktion ist von Interesse, dass sie zum einen kostengünstig ist (Überproduktion in der Landwirtschaft, z.B. im Getreideanbau), zum anderen für thermoplastische[1] Verarbeitungsfahren auf den herkömmlichen Produktionsmaschinen geeignet ist. Nachteilig sind aber die geringe mechanische Festigkeit und die große Empfindlichkeit gegenüber Wasser und Feuchtigkeit und mikrobiologischem Befall durch Pilze und Bakterien [3, 4].

---

[1]Thermoplastische Kunststoffe können bei einem bestimmten Temperaturbereich reversibel verformt werden.

2.1.1 Thermoplastische Stärke und Verbundmaterialien mit Stärke

Chemisch unveränderte Stärke, wie sie in den Pflanzen vorkommt, liegt in fünf bis 200 μm großen Körnern vor. Für die Kunststoffproduktion wird wasserhaltige Stärke ver-
60 wendet. Bei 200°C und hohem Druck werden die Körner in einem Extruder[2] zerstört. *„Durch eine spezielle Fahrweise* [Anm. des Verfassers: der Kunstoffverarbeitungsmaschinen] *kann ein Aufschäumen erzielt werden"* [3]. Die zusätzliche Beimischung von Treibmitteln wie Natriumhydrogencarbonat kann das Aufblähen der Stärke (bedingt durch die CO_2-Entwicklung) nach dem Austritt aus dem Extruder verstärken. Dadurch entstehen
65 sehr leichte schüttfähige Stärkechips (*Loose-Fill*), die beispielsweise anstelle von Styropor im Transportwesen zerbrechliche Waren vor Beschädigungen schützen können. Es ist aber auch möglich, die Stärkemasse (nachdem sie mit Wasser, Farbstoffen und evtl. Naturfasern gemischt wurde) durch Hitze und Druck in Formteile zu überführen. Praktische Anwendung hierfür findet beispielsweise Getreidemehl, das so zum Beispiel zu Geschirr
70 verarbeitet wird. Zusätzlich muss jedoch bei vielen Stärkeprodukten durch eine Beschichtung oder ähnliches eine Wasserresistenz aufgebaut werden [3, 4].

Durch die Einlagerung von Pflanzenfasern (z.B. Flachs, Hanf, Jute) in die Stärke können auch Verbundmaterialen entstehen, die sich in ihrer deutlich besseren mechanischen Festigkeit von den reinen Stärkeprodukten unterscheiden. Als Beispiel soll hier der fa-
75 serverstärkten Kunststoff BIOPAC näher beleuchtet werden. Dieser besteht zu 80 % aus Kartoffelstärke und Faserstoffen. Hinzu kommen noch neben Wasser (11 %), modifizierte Cellulose (4 %), Harz und Öl (3 %) sowie Verdickungs- und Trennmittel (2 %). Der daraus entstehende Kunststoff ist wasserunlöslich und wärmeisolierend und besitzt eine Dichte von 0,15 bis 0,3 g/cm^3. Verwendung findet dieses Produkt beispielsweise als Geschirr im
80 Schnellimbissbereich. Allerdings war der Endpreis des fertigen Produktes im Vergleich zu herkömmlichen Kunststoffen deutlich höher, sodass sich dieses Produkt nicht richtig durchsetzen konnte [3].

2.1.2 Laborversuch: Herstellung einer Stärkefolie

Die Folienherstellung erfordert nur geringen Material- und Zeitaufwand. Hierzu werden in
85 Anlehnung zu [5] in einem Becherglas 3 g Stärke, 20 ml Wasser und 2,5 ml Glycerinlösung (Konzentration: 50 %) erhitzt. Um ein zu starkes Abdampfen von Wasser und Glycerin zu vermeiden, wird das Becherglas mit einem Uhrglas abgedeckt. Bereits nach einer Erhitzungszeit von etwa drei Minuten verändert das Gemisch im Becherglas seine Konsistenz zu einem gelartigen Brei. Dieser Brei wird in noch heißem Zustand auf eine Klarsichtfolie
90 aufgebracht (Abb.2.1), dünn und glatt ausgestrichen und anschließend mehrere Tage bei Zimmertemperatur getrocknet. Nach der Trocknungszeit lässt sich die durchsichtige Folie dann sehr leicht von der Klarsichtfolie abheben (Abb. 2.2).

Die im Versuch hergestellte Folie ist nur bis zu einem gewissen Grad elastisch und wird mit der Zeit vor allem an den Stellen, an der ihre Dicke etwas größer ist, spröde.

---

[2]Eine Produktionsmaschine zur Kunststoffherstellung, bei der in einem Zylinder die Kunststoffrohstoffe über eine rotierende Schnecke unter hohen Druck und Temperatur vermischt und verflüssigt werden und danach ausgespritzt werden.

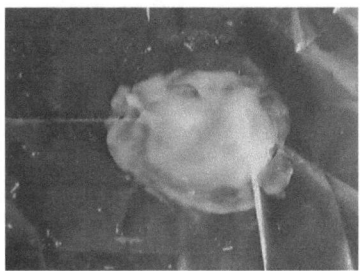 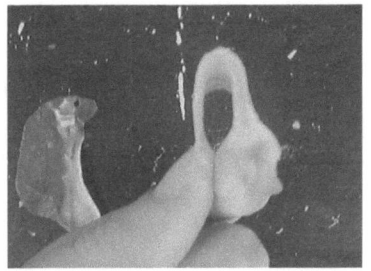

Abbildung 2.1: heißer Stärkebrei zur
Folienherstellung

Abbildung 2.2: Folie nach dem
Trocknen

2.1.3 Stärke in Blends (Mischungen) mit anderen Polymeren

Zur besseren Resistenz gegenüber den geschilderten äußeren Einflüssen ist oftmals eine
Verarbeitung bzw. Mischung der Stärke mit anderen biologisch abbaubaren Werkstoffen
(BAW) nötig. Diese können beispielsweise Celluloseacetate, Polymilchsäure, aliphatische
Polyester, etc. sein. Die daraus entstehenden Stärkeblends (engl. blend = Mischung) können immer noch einen Stärkeanteil von bis zu 90 % besitzen und weiterhin biologisch
abbaubar sein [4]. Allerdings können die anderen BAW teilweise aus petrochemischer Pro-
duktion stammen und führen so nicht zu einer besseren und umweltgerechteren Nutzung
nachwachsender Rohstoffe.

2.2 Verpackungen aus Polymilchsäure

Aus Milchsäure kann ebenfalls ein biologisch abbaubarer Kunststoff, die sog. Polymilchsäure (Polylactid PLA) erzeugt werden. Die Verarbeitung ist dabei mit den herkömmlichen
Produktionsverfahren und -maschinen durchführbar. Allerdings besteht die Gefahr, dass
beim Erhitzen eine ungewollte Rückreaktion zum cyclischen Ausgangsprodukt stattfin-
det. Daher muss die Verarbeitungszeit und -temperatur an die Polymilchsäure angeglichen
werden.

2.2.1 Herstellung

Als Ausgangsmaterial wird Milchsäure (2-Hydroxypropansäure) benötigt. Diese kann beispielsweise fermentativ, also durch den Einsatz von Bakterien und anderen Mikroorganismen, aus zucker- und stärkehaltigen Pflanzen, wie Rüben, Getreide, Mais und Kartoffeln, gewonnen werden. Die Stärke wird z.B. durch Enzymeinsatz in den Zucker Maltose
gespalten. Dieser wird dann gemäß nachfolgender Summengleichung durch Bakterien in
Milchsäure überführt [6].

$$C_{12}H_{22}O_{11} + H_2O \longrightarrow 4H_3C - CHOH - COOH$$

Die Polymilchsäure wird in der Technik durch katalytische Ringöffnungspolymerisation des
Lactids hergestellt. Es sind dabei Polymerisationsgrade von 700 bis 15.000 möglich.

6

Einen Formelausschnitt der Polymilchsäure zeigt nachfolgende Abbildung:

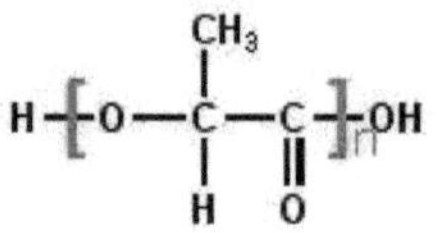

Abbildung 2.3: Polylactid

Das Lactid entsteht durch Erhitzen der beispielsweise fermentativ gewonnen Milchsäuremoleküle. Diese bilden dabei unter Abspaltung zweier Wassermoleküle einem cyclischen Carbonsäureester aus zwei Milchsäuremolekülen (Abb. 2.4), welcher wie oben beschrieben zur Polymilchsäure polymerisiert wird [6].

Abbildung 2.4: Lactidbildung aus 2 Milchsäuremolekülen

Dies stellt die einfachste Form eines auf Milchsäure basierenden abbaubaren Kunststoffs dar. Es ist auch möglich, das Lactid mit anderen cyclischen Estern, wie Glycolid, Dioxanon oder Trimethylencarbonat, zu vermischen und dann einer Polymerisation zu unterziehen. Dabei entstehen Produkte mit sehr unterschiedlichen Eigenschaften, die dadurch für viele verschiedene Einsatzgebiete geeignet sind. Allerdings können manche dieser Monomere nicht aus nachwachsenden Rohstoffen gewonnen werden [3].

2.2.2 Biologischer Abbau

Nach TÄNZER folgt „*im Anfangsstadium und außerhalb lebender Organismen* [...] *der Bioabbau unter Abnahme der Molmasse rein hydrolytisch* [Anm. des Verfassers: Also unter Einlagerung von Wassermolekülen;] *In Organismen gewinnen in der Endphase auch andere Abbaumechanismen an Bedeutung.*" Interessant ist außerdem die Tatsache, dass „ *im alkalischen Bereich (pH > 7,5)* [...] *im Gegensatz zu den meisten anderen biologisch abbaubaren Kunststoffen eine schnelle Hydrolyse* [erfolgt]. *Im menschlichen Organismus verläuft der Abbau schneller als unter Kompostierbedingungen. Die für den Bioabbau verantwortlichen Enzyme sind: Pronase, Proteinase K, Ficin, Esterase und Trypsin.*" Die Abbauzeit in einem Organismus wurde 1994 von ENTENMANN bestimmt. Dabei benötigt der Abbau von Poly(L-lactid) eine Zeit von 18 bis 24 Monaten, der Abbau von Poly(D,L-lactid) hingegen nur 12 bis 16 Monate [3].

Durch die Abbaubarkeit der Polymilchsäure, auch im menschl. Organismus, ist es möglich, diese als medizinisches Nähmaterial zu verwenden. Die Fäden werden dabei im Laufe der Zeit durch die oben beschriebenen Vorgänge und Enzyme vom menschlichen Körper abgebaut.

7

Kapitel 3

Biogene Hydraulik- und Schmieröle

Bei vielen mobilen und stationären Arbeitsgeräten und Maschinen finden sich Hydrauliksysteme, die mittels einer Druckflüssigkeit (Hydrauliköl) Kräfte übertragen. Mineralöle,
denen Additive zur Verbesserung der physikalischen Eigenschaften zugegeben sind, haben
dabei bei den Hydraulikölen einen Anteil von 85 %. Daneben gibt es noch schwerentflamm-
bare Druckflüssigkeiten, die auch noch bei hohen Temperaturen eingesetzt werden können
und beispielsweise aus Polyglykol-Wasser-Gemischen, Fluor-Carbonen, Siliconen oder chlo-
rierten Kohlenwasserstoffen bestehen [7]. All diesen Flüssigkeiten ist aber gemeinsam, dass
sie beispielsweise beim Einsatz in der Bau-, Land- und Forstwirtschaft im Falle von Leckagen am Hydrauliksystem (es wird teilweise mit Arbeitsdrücken bis 400 bar gearbeitet) in
die Umwelt gelangen können und dort nachhaltige Schäden an Flora, Fauna, Grundwasser,
etc. verursachen. Daneben kommt kaum eine Maschine ohne ausreichende Schmierung aus.
In der Bundesrepublik Deutschland summiert sich so der Einsatz von Schmierstoffen auf
jährlich etwa 1,1 Millionen Tonnen. Allerdings gelangt durch Verlustschmierung, Verduns-
tung, Unfälle, etc. etwa die Hälfte in die Umwelt [8].

Auch hier können die einheimischen nachwachsende Rohstoffe Abhilfe schaffen. Es wurden aus ihnen Hydraulik- und Schmieröle entwickelt, deren Verwendungseigenschaften mit
denen der synthetischen Produkte übereinstimmen, jedoch aufgrund ihres natürlichen Charakters von Mikroorganismen im Falle eines Lecks abgebaut werden können und somit für
die Natur wesentlich unschädlicher sind.

In der Technik wird zwischen Hydraulik- und Schmierölen unterschieden, wobei an Hydrauliköle weitaus höhere Anforderungen gestellt werden. Da es sich hier aber nicht um
eine Arbeit über die speziellen Erfordernisse eines Schmier- oder Hydrauliköles handelt,
wird im Folgenden der Einfachheit halber keine strenge Trennung zwischen beiden Arten
gezogen.

3.1   Chemischer Hintergrund

Hydraulik- und Schmieröle auf der Basis von nachwachsenden Rohstoffen lassen sich in
zwei verschiedene Gruppen einteilen. Zum einen finden naturbelassene Öle wie Raps- oder
Sonnenblumenöl Anwendung, zum anderen werden synthetische Ester verwendet [8, 9]:

3.1.1 Naturbelassene Öle

Natives Raps- oder Sonnenblumenöl ist bereits für den Einsatz als Hydraulik- oder Schmier-
180 öl geeignet. Diese Öle (Triglyceride) sind Dreifachester des dreiwertigen Alkohols „Glycerin"
(1,2,3 Propantriol) und drei Fettsäuren, also längerkettige, unverzweigte Monocarbonsäu-
ren, die gesättigt (d.h. ohne Doppelbindungen zwischen den einzelen C-Atomen) oder unge-
sättigt (mit z.t. mehreren C=C-Doppelbindungen im Kohlenwasserstoffrest) sein können.
Zur Veranschaulichung der strukturellen und räumlichen Gestalt eines jeweils willkürlich
gewählten Fettmoleküls sollen die folgenden Abbildung 3.1 und 3.2 dienen:

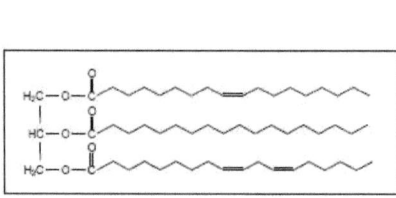

Abbildung 3.1: Strukturmodell eines
willkürlichen Fettmoleküls

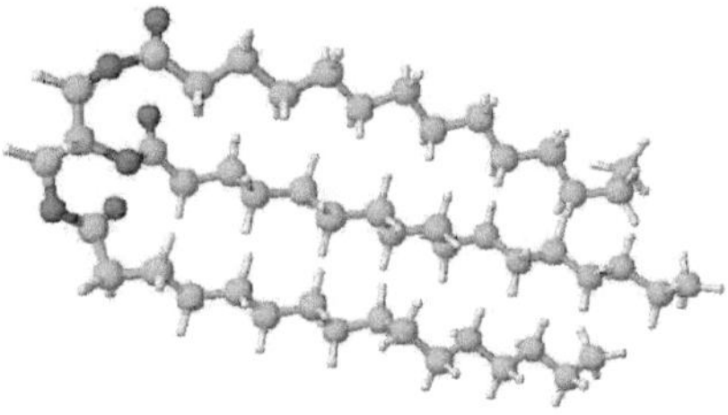

Abbildung 3.2: 3D-Modell eines willkürlichen Fettmoleküls

185 Sie besitzen zwar gute Schmiereigenschaften, können diese aber nur für ein paar Stunden
gewährleisten, da sie sehr schnell oxidieren und aufgrund von Polymerisationen (Verharzun-
gen) Ablagerungen bilden. Dabei gilt, dass je höher der Anteil der C=C-Doppelbindungen
im Kohlenwasserstoffrest der Fettsäuren, desto anfälliger ist das Öl für Oxidationen. Als
190 Faustregel gilt, dass mit jeder weiteren Doppelbindung die Oxidationsgeschwindigkeit um
den Faktor zehn steigt. Allerdings ist ein völliger ungesättigter Charakter des Öles ebenfalls nachteilig. Durch viele gesättigte Fettsäuren entstehen große intermolekulare Van-
der-Waals-Wechselwirkungen, die das Öl für die Schmierung zu dickflüssig und fest werden
lassen. Am besten für die Schmierwirkung hat sich daher ein hoher Gehalt an Ölsäure (18
195 C-Atome, eine Doppelbindung) im Öl erwiesen. Es ist sehr beständig gegen Oxidation und
besitzt eine gute Schmierwirkung. Durch Züchtungen von speziellen Sonnenblumen konnte
ein hoher Gehalt an Ölsäure im Öl erreicht werden.[1]

Im Falle der Hydrauliköle besteht bereits bei den naturbelassenen Ölen eine Klassifizie-
rung als HETG (Hydraulic Oil Environmental Triglyceride) [9]. Sie erfordern aufgrund
200 ihres naturbelassenen Charakters nur geringen Produktionsaufwand und sind daher rela-
tiv kostengünstig. Allerdings wird ein Einsatz nur in einem Temperaturbereich von -20°C
bis +70°C empfohlen.

---

[1]Besonderer Dank gilt in diesem Zusammenhang Herrn DR. HEINRICH THEISSEN vom „Institut für
fluidtechnische Antriebe und Steuerungen der RWTH Aachen" für die Übermittlung von umfangreichen
Informationen.

3.1.2 Synthetische Ester

Synthetische Ester bestehen meist aus nachwachsenden Rohstoffen, wie beispielsweise Fett-
205 säuren, die mit petrochemischen Erzeugnissen verbunden werden. Als Beispiel soll an dieser
Stelle der so genannte TMP-Ester[2] näher betrachtet werden. Er wird durch „Umesterung"
produziert. Hierbei wird der in Pflanzenölen veresterte Alkohol „Glycerin" (s.o.) durch den
aus der Petrochemie stammenden dreiwertigen Alkohol „Trimethylolpropan" ausgetauscht.
In der Abbildung 3.3 wird der bei der Umesterung ablaufende chemische Vorgang nochmals
210 veranschaulicht. Eine genauere Betrachtung des Umesterungsvorgangs findet im Rahmen
dieser Arbeit im Kapitel „Biodiesel" statt.

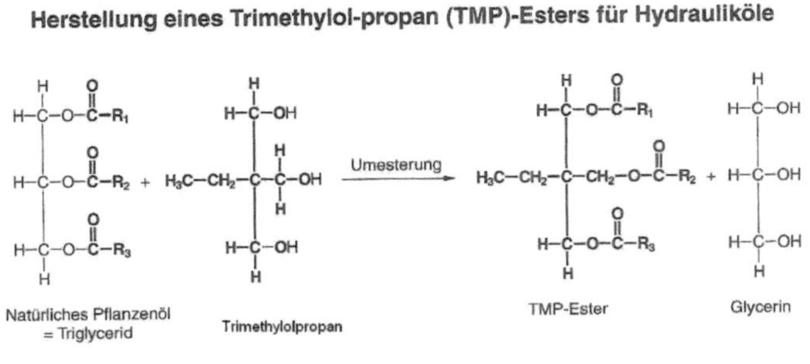

Herstellung eines Trimethylol-propan (TMP)-Esters für Hydrauliköle

Abbildung 3.3: Chemischer Prozess bei der Herstellung eines TMP-Esters

Der TMP-Ester besitzt ähnliche Eigenschaften wie Triglyceride, ist aber aufgrund eines
anderen Molekülbaus stabiler gegen Oxidation oder Hydrolyse.[3]

Es ist aber auch möglich, anstelle der bisher angesprochenen Dreifachester Monoester aus
215 einwertigen Alkoholen und Fettsäuren zu verwenden. Diese können beispielsweise als Kühl-
schmierstoffe Verwendung finden. Interessant ist in diesem Zusammenhang ebenfalls, dass
als Rohstoffe nicht unbedingt Pflanzenöle verwendet werden müssen. OLIVER FALK ent-
wickelte beispielsweise aus Tierfetten und Altspeißeölen durch Umesterungsverfahren Ester
aus Fettsäuren und 2-Ethyl-1-Hexanol, die sich als Kühlschmierstoffgrundöle eignen [10].
220 Im Falle des Hydrauliköls sind die synthetischen Ester als HEES (Hydraulic Oil Environmental Ester Synthetic) genormt. Sie weisen im Allgemeinen gegenüber den naturbelassenen Ölen eine höhere Belastbarkeit auf und sind so zum Beispiel alterungs- und tempera-
turbeständiger.

Es sei aber angemerkt, dass die Eigenschaften vieler Bioöle, egal, ob sie nun naturbelassen
225 sind, oder synthetische Ester darstellen, nur durch eine zusätzliche Additivierung, beispielsweise mit Antioxidantien, Additiven, die die Temperaturbeständigkeit erhöhen, etc. (über
eine längere Zeit) gewährleistet werden können.

---

[2]Dieser Ester besteht zwar nicht zu 100 Prozent aus nachwachsenden Rohstoffen, da aber auch
Hydraulik- und Schmieröle, die größtenteils aus nachwachsenden Rohstoffen bestehen und biologisch abbaubar sind, eine Förderung durch das „Bundesministeriums für Verbraucherschutz, Ernährung und Landwirtschaft" erfahren, wird diese Art von teilsynthetischen Estern in dieser Arbeit ebenfalls kurz angesprochen.

[3]Dr. HEINRICH THEISEN

3.2 Diskussion der Vor- und Nachteile biogener Hydraulik- und Schmieröle

230 Nachfolgend soll eine kleinere Gegenüberstellung die Vorteile biogener Hydraulik und Schmieröle, aber auch deren Nachteile und die in der Praxis auftretenden Probleme aufzeigen:

Für biogene Hydraulik- und Schmieröle sprechen folgende Vorteile [8, 9]:

- bessere Verträglichkeit für die Natur: Aufgrund des biologischen Ursprungs der Ausgangsmaterialen ist es Mikroorganismen möglich, die in den Kreislauf der Natur gelangten Hydraulik- und Schmierölanteile abzubauen. Dadurch gefährden sie die Natur weitaus weniger als die bisher verwendeten Mineralölprodukte. So sind viele Bioöle nur schwach wassergefährdend und werden innerhalb von wenigen Wochen zum größten Teil abgebaut.

- sehr gute Schmiereigenschaften und Verschleißreduzierung: Bioöle sind von Natur aus dünnflüssiger, haften besser an den Metallen als Kohlenwasserstoffmoleküle und besitzen auch bei den oftmals im Betrieb herrschenden hohen Temperaturen eine gleich gute, oder sogar bessere Viskosität als Mineralölprodukte. Aufgrund der guten und temperaturstabilen Viskosität des Bioöls ist eine ausreichende Schmierung auch bei Kaltstarts gewährleistet.

- längere Ölwechselintervalle: Biogene Hydraulik- und Schmieröle können, unter der Voraussetzung, dass das eingesetzte Öl in der Maschine durch Feinfilter gepresst wird, im Gegensatz zu Mineralölen, länger in Hydrauliksystemen und Schmiereinrichtungen verwendet werden. Dadurch verringert sich der Wartungsaufwand und somit die Standzeit der Arbeitsmaschine.

Demgegenüber stehen folgende Nachteile [8, 9]:

- Unverträglichkeit von Mineralöl und Bioöl und daraus resultierende Umrüstung der Maschinen: Bioöle und Mineralöle vertragen sich teilweise nicht in ihrem Grundöl, als auch in ihren Additiven. Das Mischöl hätte jeweils schlechtere Eigenschaften als die beiden Ausgangsöle. Es könnte aber auch zu Schaumbildung, Reibungserhöhung, etc. kommen. Als maximale Mischungsrate gilt dabei ein Anteil von 2% Fremdöl im Bioöl.

Daher ist es nötig, die Maschine und die Arbeitsgeräte für den Einsatz von Bioöl umzurüsten, d.h. das zuvor verwendete Mineralöl zu entfernen. Hierzu muss das gesamte Altöl abgelassen werden. Zusätzlich ist vor dem endgültigen Betrieb der Maschine eine (mehrmalige) Spülung mit dem neuen Öl nötig, um den Fremdölanteil im Bioöl auf den maximal zulässigen Wert von 2 % zu senken. Diese Spülung beinhaltet bei Hydrauliksystemen beispielsweise sämtliche Filter, (Rücklauf-)Leitungen, Zylinderanschlüsse und Ventile. Um sicher zu sein, dass die Umölung, d.h. der Spülvorgang, erfolgreich war, muss abschließen, z.B. durch eine Laboranalyse, die neue Ölfüllung auf ihren Fremdölgehalt hin überprüft werden.

- Umrüstung aller Maschinen und Arbeitsgeräte: Vor allem landwirtschaftliche Traktoren versorgen mit ihrem Hydrauliksystem oft auch die angebauten Arbeits- und Anbaugeräte. Wenn die Anbaugeräte nicht ebenfalls für den Betrieb mit Bioöl umgerüstet werden, kommt es dadurch zu der nachteiligen Vermischung von Mineralöl und biogenem Öl. Daher müssen auch sämtliche Hydrauliksysteme der verwendeten Anbaugeräte zeitgleich umgerüstet werden. Besonders nachteilig wirkt sich dies aus, wenn beispielsweise die in einem Maschinenring organisierten Landwirte ihre Geräte untereinander austauschen und noch nicht alle Traktoren und/oder Arbeitsgeräte umgeölt sind.

- hohe Kosten: Bioölen sind teilweise drei bis vier mal so teuer wie Mineralöle. Hinzu kommt, dass die Umölung der Hydrauliksysteme zu Beginn hohe Investitionen erfordert, da ja nicht nur das Öl für die neue Füllung bezahlt werden muss, sondern auch die Menge an Bioöl, die für die Spülung benötigt wird.

Rechnet man also alle Vor- und Nachteile gegeneinander auf, so ist festzuhalten, dass zwar bei Bioöleinsatz zu Beginn hohe Kosten entstehen und der Preis des Öls an sich deutlich höher ist, die Öle auf Basis nachwachsender Rohstoffe aber qualitativ besser sind. Im Falle von Unfällen oder Leckagen entstehen geringere Umweltschäden. Angemerkt sei an dieser Stelle noch, dass im Moment ein Förderprogramm des Bundesministeriums für Verbraucherschutz, Ernährung und Landwirtschaft existiert, das den Um- bzw. Einstieg auf Bioöle erleichtern soll.

Kapitel 4

Kraftstoffe aus nachwachsenden Rohstoffen

290 Die Idee, Fahrzeuge mit pflanzlichen Treibstoffen zu betreiben, ist keine Erscheinung unserer Zeit, denn RUDOLF DIESEL schrieb bereits im Jahre 1912: *"Wie sich herausgestellt hat, können Dieselmotoren ohne jede Schwierigkeit mit Erdnussöl betrieben werden. [...] Zwar mögen pflanzliche Öle gegenwärtig für eine technische Nutzung unwichtig sein. Aber im Lauf der Zeit könnten sie durchaus die gleiche Bedeutung erlangen, die unseren heutigen* 295 *Erdöl- und Kohlteer-Produkten zukommt"* [11].

Zwar dominieren in unserer Gesellschaft noch sehr deutlich die fossilen Brennstoffe, ein stärkerer Einsatz von Kraftstoffen basierend auf nachwachsenden Rohstoffen (biogene Kraftstoffe) ist aber abzusehen, wenngleich dies in naher Zukunft aber nur hauptsächlich auf der Basis von anteiliger Zumischung zu herkömmlichem Sprit der Fall sein wird. So gibt 300 die Europäische Union ihren Mitgliedsstaaten als Richtwert vor, dass der Anteil an Biokraftstoffen, die in den Verkehr gebracht werden, bis zum 31. Januar 2005 2 % betragen solle. Bis zum Ende des Jahres 2010 soll dieser Anteil auf 5,75 % gesteigert werden [12].

4.1 „Biodiesel"

„Biodiesel" stellt in unserer heutigen Zeit ein Synonym für die Nutzung biogener Treibstoffe 305 dar. Hinter diesem umgangssprachlichen und weit verbreiteten Begriff verbergen sich die so genannten „Fett"- oder auch „Rapssäuremethylester" (kurz: FSME bzw. RME). Diese Ester aus dem Alkohol Methanol und den von der Rapspflanze aufgebauten Fettsäuren dienen beim Betrieb eines Kraftfahrzeuges mit „Biodiesel" als Brennstoff für den Motor.

Die nachfolgenden Kapitel wollen die chemischen Hintergründe zu „Fettsäuremethylester" 310 aufzeigen sowie detailliert auf den Produktionsprozess und die dabei ablaufenden chemischen Reaktionsmechanismen eingehen.

Anschließend werden die Laborversuche zur Herstellung von „Biodiesel" dokumentiert.

Abgerundet wird dieses Kapitel schließlich mit einem Vergleich zu herkömmlichem Diesel und kurzen Informationen zur praktischen Nutzung und den dabei auftretenden Proble- 315 men.

13

4.1.1 Herstellung

4.1.1.1 Gewinnung von reinem Rapsöl aus der Rapspflanze

Als Rohstoff für den sog. "Biodiesel" dient Raps. Die geschätzte Anbaufläche in Deutschland betrug im Jahr 2004 ungefähr 12.791 km². Dabei wurde pro Hektar ein Ertrag von 4,11 t erreicht [13].

Die dunkelbraunen Samen, dieser im Frühling weithin sichtbaren gelbblühenden Pflanze, werden im August geerntet. Zur Gewinnung des Rapsöls werden die gereinigten und zerkleinerten Rapssamen in einer Ölmühle entweder gepresst, oder aber, durch den Einsatz von Extraktionsmitteln wie Hexan das Öl aus dem Rapsschrot herausgelöst. In einem anschließenden Reinigungsprozess werden Begleitstoffe des Öls entfernt und freie Fettsäuren neutralisiert.

4.1.1.2 Umesterung des im Rapsöl enthaltenen Fetts zu Fettsäuremethylester

Bei der Herstellung von „Biodiesel" wird das Verfahren der „Umesterung" angewandt. Hierbei wird das Rapsöl durch Austausch des mit den Fettsäuren veresterten Alkohols Glycerin mit dem Alkohol Methanol (CH_3OH) in 3 Fettsäuremethylester umgewandelt. Zusätzlich fällt neben den FSME noch Glycerin als weiteres Reaktionsprodukt an, da dieses ja durch 3 Moleküle Methanol ersetzt worden ist.

Die Umesterung kann sowohl auf säurekatalysiertem Weg als auch auf basenkatalysiertem Weg ablaufen. Allerdings bleibt anzumerken, dass die basenkatalysierte Reaktionsvariante viel schneller abläuft und somit für die massenhafte Herstellung von Fettsäuremethylestern ökonomisch weitaus sinnvoller ist. Zudem wirken Basen weniger korrosiv auf die verwendeten Materialien der Produktionsanlagen und -reaktoren als Säuren.

Aufgrund dessen soll an dieser Stelle nur der basenkatalysierte Reaktionsmechanismus genauer betrachtet werden [14, 15]: Für die Umesterung, die in Gleichgewichtsreaktionen abläuft, wird ein basischer Katalysator benötigt. Zum einen ist es möglich, ein Alkalihydroxid (wie NaOH) zu verwenden. Dieses reagiert in einer Vorreaktion mit Methanol (H_3COH) zu einem einfach negativ geladenem Methanolat-Ion der Form H_3CO^-, wobei Wasser (=protonierter Katalysator) entsteht. Zum anderen ist es möglich, als Katalysator die Methanolat-Ionen in Form von z.B. Natriummethylat-Methanol-Lösung direkt beizugeben und auf die Vorreaktion zu verzichten.

Die Umesterung des Triglycerids erfolgt allerdings nicht in einem Zug komplett, sondern schrittweise, d.h. die drei Fettsäuren werden nacheinander einzeln vom Glycerin gelöst, sodass während des Reaktionsprozesses sowohl Diglyceride als auch Monoglyceride entstehen können, die noch zu weiteren Umesterungsreaktionen fähig sind.

Das Methanolat-Ion ist mit seiner negativen Ladung gut geeignet, um sich in einem nucleophilen Angriff an das C_1-Atom der veresterten Fettsäuren anzulagern, da diese durch den starken Zug der angegliederten Sauerstoff-Atome auf die Bindungselektronen zwischen Kohlenstoff-Atom und Sauerstoff-Atom leicht positiv polarisiert sind. Durch Anlagerung an eine erste Esterbrücke entsteht ein mesomer-stabilisiertes Interdukt (Abb.4.1).

Dieses Interdukt spaltet in einem nächsten Schritt den Fettsäuremethylester ab, wobei

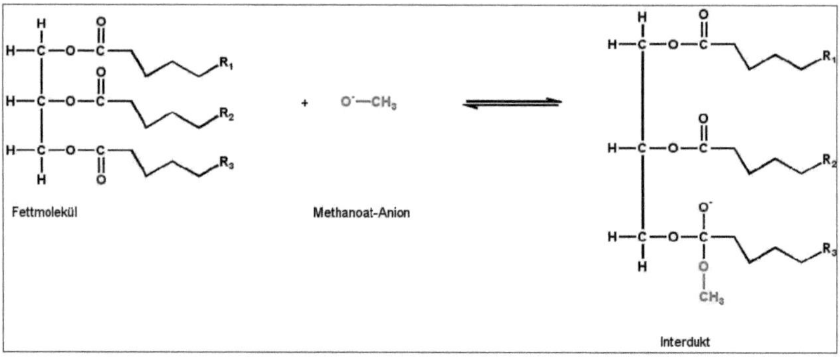

Abbildung 4.1: 1. Reaktionsschritt

das Glycerin ein Elektronen-Paar der vorherigen Bindung mit der Fettsäure nicht abgibt, sodass das nunmehr entstandene Diglycerid-Ion eine negative Ladung besitzt, das abgespaltete Molekül, also der bereits fertige Fettsäuremethylester(FSME), hingegen neutral ist (Abb.4.2).

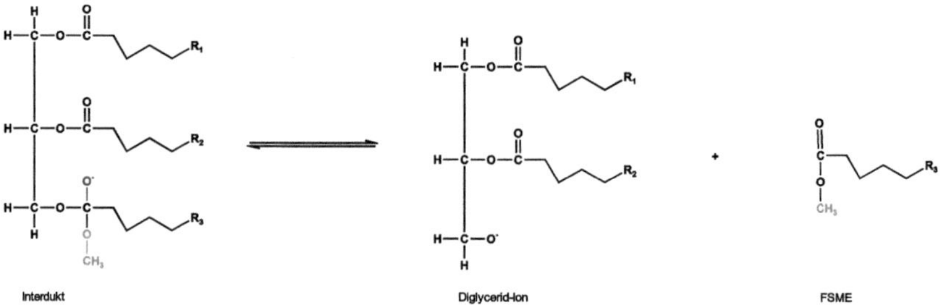

Abbildung 4.2: 2. Reaktionsschritt

360 In einer Säure-Base-Reaktion wird die negative Ladung des Diglycerid-Ions durch ein Proton kompensiert, welches von der protonierten Base abgegeben wird, wodurch gleichzeitig der Katalysator wieder regeneriert wird. Bei der direkten Verwendung von Natriummethylat-Methanol-Lösung als Katalysator, wird also vom Methanol ein Proton abgegeben, sodass wieder ein Methanolat-Ion entsteht. Das nunmehr entstandene Diglycerid-Molekül ist noch-

365 mals zu zwei weiteren analog ablaufenden Reaktionen fähig, in derem weiterem Verlauf zuerst ein Monoglycerid entsteht und schließlich reines Glycerin.

Zusammengefasst ist also festzustellen, dass ein Fettmolekül durch 3 Methanolmoleküle zu drei Molekülen FSME und einem Molekül Glycerin umgeestert werden kann (Abb. 4.3).

Das Glycerin kann nach einem kurzen Reinigungsprozess weitervermarktet werden und

370 findet beispielsweise in der Kosmetik weitere Anwendung.

15

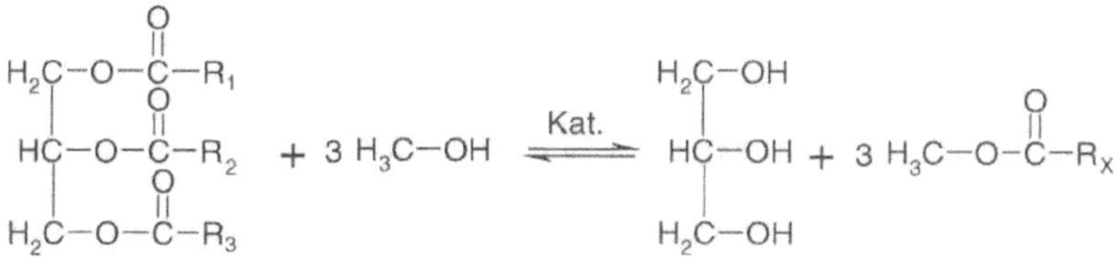

Abbildung 4.3: Gesamtgleichung des Umesterungsprozesses

4.1.2 Laborversuche zur basenkatalysierten Umesterung von Rapsöl

4.1.2.1 Versuche nach Versuchsanordunung A:

Bei den Laborversuchen nach dieser Versuchsanordnung wird versucht, die Umesterung nach einem leicht modifizierten Vorschlag von C.A.R.M.E.N [16] durchzuführen.

375 Hierzu wird in einem Becherglas 15 ml reines Rapsöl, 30 ml Methanol sowie einige Körner NaOH (ca. 0,5 g) vorgelegt und mit einer Heizplatte unter kontinuierlichem Rühren 15 Minuten lang auf 55°C erhitzt.

Es kann beobachtet werden, dass die anfangs hinzugegebene Menge NaOH sich nur unwesentlich auflöst. Während der Reaktion findet keine Farbänderung statt. Gleichwohl kann

380 beim Umgießen des Inhaltes in ein anderes Becherglas ein zähflüssiger Bodensatz festgestellt werden, in welchem sich die NaOH-Plätzchen festgesetzt haben. Es wird nur der Teil des Bodensatzes mit umgegossen, in dem sich keine NaOH-Rückstände befinden. Nach dem Umgießen bildeten sich 3 verschiedenen Phasen aus.

385 Der Versuch wird in dem aus dem vorhergehenden Versuch stammenden Becherglas mit jeweils doppelten Mengen und bei doppelter Rührzeit sowie einer leicht höheren Temperatur von ca. 65°C wiederholt, wobei der Natriumhydroxid-Rückstand des vorgehenden Versuches verwendet wird.

Auch hier bilden sich nach einer kurzen Standzeit 3 Phasen aus, die sonstigen Beobach-

390 tungen decken sich mit dem ersten Versuch.

Diskussion der Versuchsbeobachtungen und Schlussfolgerungen:

Da wie im Kapitel 4.1.1.2 bereits dargelegt bei der Umesterung Glycerin als Nebenprodukt anfällt und sich dieses durch Zähflüssigkeit und hohe Dichte auszeichnet, ist es naheliegend,

395 dass der geschilderte Bodensatz bzw. die unterste Phase der Emulsion, zumindest teilweise, aus Glycerin bestehen, dass sich aufgrund der hohen Dichte am Boden absetzt. Damit lässt sich auch erklären, warum beim Umfüllen der Emulsion aus dem ersten Versuch in ein anderes Becherglas die letzten Milliliter ebenfalls recht zähflüssig waren.

Das Glycerin muss allerdings nicht zwangsläufig aus einem Umesterungsvorgang stammen,

400 es kann sich auch bei einer Verseifung des Rapsöls mit den NaOH-Plätzchen gebildet haben. Die mittlere Phase könnte somit aus den erwünschten RME bestehen, aber auch aus

16

Abbildung 4.4: 3 Phasen im Reaktionsprodukt

nicht reagiertem Pflanzenöl. Die oberste Phase besteht vermutlich mit an Sicherheit grenzender Wahrscheinlichkeit aus nicht reagiertem Methanol. Dieser setzt sich aufgrund seiner geringen Dichte ganz oben ab. Unterstützt wird diese These durch die Tatsache, dass nach einer Woche diese obere Phase verschwunden ist. Da die Bechergläser in der Nähe der Heizung abgestellt sind und Methanol nur einen sehr niedrigen Siedepunkt besitzt, ist der Alkohol somit während dieser sieben Tage verdunstet.

Somit bleibt festzustellen, dass es im Grunde bei dieser Versuchsanordnung nicht klar ist, welche Reaktion nun schlussendlich wirklich abgelaufen ist, eine Verseifung, eine Umesterung, oder beide simultan? Daher wird versucht, durch das Testen der Brennbarkeit eine Aussage darüber zu treffen. Zu diesem Zweck wird das reine Rapsöl, das eigene Reaktionsprodukt sowie eine Probe industriell hergestellten RME auf ein Stückchen Tafelkreide geträufelt, um die Verdampfungsoberfläche der Flüssigkeit zu vergrößern. Jedoch brennt jede Flüssigkeit nach dem Entzünden mit einem Streichholz mit gelblicher Flamme ab, sodass durch diese Methode keine neuen Erkenntnisse gewonnen werden können.

Als mögliche Fehlerquellen bei den durchgeführten Versuchen werden folgende Punkte betrachtet:

- Der Katalysator NaOH ist zu stark konzentriert und wirkt nicht als Katalysator sondern reagiert mit dem Rapsöl zu Seifen.

- Durch eine fehlende Abdeckung über dem Reaktionsgefäß kann der niedrigsiedende Methanol entweichen, was sich negativ auf den Reaktionsverlauf auswirkt. Die Umesterung ist, wie im vorhergehenden Kapitel besprochen, eine Gleichgewichtsreaktion. Durch das kontinuierliche Entweichen des Alkohols wird das Reaktionsgleichgewicht auf Seite der Edukte verschoben.

- Das Massenverhältnis der eingesetzten Edukte stimmt nicht überein.

4.1.2.2   Versuche nach Versuchsanordnung B:

Um die möglichen Fehlerquellen auszuschalten, wird versucht, den RME mit einer anderen Versuchsapparatur, die analog zu der in [17] beschriebenen ist, herzustellen.

Vor der eigentlichen Versuchsdurchführung werden in einem Becherglas 0,03 g NaOH und 10 ml Methanol vermischt. Die NaOH-Plätzchen lösen sich darin, wie zu erwarten ist, kaum. In einem Reagenzglas, das in ein 75°C warmes Wasserbad taucht, werden 4 ml Rapsöl und die Methanollösung (die ungelösten NaOH-Plätzchen werden dem Reaktionsgemsich beige-geben) unter ständigem Rühren zur Reaktion gebracht. Ein als Rückflusskühler dienendes aufgesetztes Glasrohr soll den entweichenden Alkohol wieder dem Reaktionsgemisch zu-435 führen. Während des Rührvorganges bildet sich eine milchige Emulsion, die sich am Ende der Reaktion aufklaren soll. Die aufgeklarte Lösung wird dann sofort aus dem Wasserbad entnommen und in ein zu ca. 3/4 mit Wasser gefülltes Reagenzglas geleert. Dabei soll sich der entstandene RME über der wässrigen Phase absetzen [17].

Mit dieser Versuchsanordnung wird eine Reihe von Versuchen gefahren. Dabei werden so-440 wohl zum einen bei manchen Versuchen die Mengen verdoppelt, als auch zum anderen der Methanol durch Ethanol ausgetauscht und das Wasserbad auf eine höhere Temperatur erhitzt.

Festgestellt wird dabei, dass sich bei der Verwendung von Methanol die milchige Emulsion nie aufhellt, zumindest nicht in dem Maße, dass es mit bloßem Auge wahrnehmbar wäre.
445 Hingegen hellt sich die Emulsion bei der Verwendung von Ethanol recht zügig auf. Diese Aufhellung soll anhand der beiden nachfolgenden Bilder verdeutlicht werden. (Bei diesen beiden Bildern wird ausnahmsweise nochmals nach Anordung A vorgegangen, die Aufhel-lung findet aber auch hier statt.)

Abbildung 4.5: trübes Reaktionsge-misch

Abbildung 4.6: aufgehelltes Reakti-onsgemisch

Gemeinsam ist aber bei diesen Versuchsen, dass sich bei Kontakt des Versuchsansatzes mit 450 Wasser zwei Phasen ausbilden. Dabei bildet sich über einer milchig-wässrigen Phase eine gelbliche Phase aus (Abb.4.7).

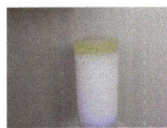

Abbildung 4.7: 2 Phasen nach dem Kontakt mit Wasser

Diskussion der Versuchsbeobachtungen und Schlussfolgerungen:

Auch bei diesen Versuchen wurde nicht klar, ob schlussendlich wirklich, zumindest teilweise 455 RME entstanden ist. Die weiße wässrige Lösung wird als Seifenlösung interpretiert, zumal diese Lösung bei kräftigem Schütteln des Reagenzglases mäßig bis stark zu schäumen be-ginnt. Die nichtwässrige Phase setzt sich nach dem Schütteln wieder als obere Phase ab und fühlt sich auf der Haut weiterhin leicht "ölig" bzw. "fettig" an.

Eine Möglichkeit wäre noch, Natriummethanolat anstelle von NaOH als Katalysator einzusetzen, dieses steht allerdings im Schullabor nicht zur Verfügung.

Somit bleibt abschließend zu diesen Versuchen anzumerken, dass die Herstellung von "Biodiesel" im Schullabor seine Tücken hat und etwaige entstanden RME nur schwer als solche nachzuweisen sind.

4.1.3 Vergleich mit handelsüblichem Diesel

Ein Vorteil in der Nutzung von Biodiesel liegt in der Tatsache begründet, dass „Biodiesel" im Gegensatz zu herkömmlichem Diesel im Falle von Leckagen oder Unfällen nur gering wassergefährdend ist und schließlich weitgehend biologisch abgebaut wird. Des Weiteren fällt die positive Umweltbilanz beim Verbrennen von RME auf. Es wird dabei nur soviel Kohlenstoffdioxid freigesetzt, wie die Rapspflanze einst bei der Photosynthese aufgenommen hat. Das Verbrennen von Mineralöldiesel erhöht hingegen weiter den Kohlenstoffdioxidausstoß. Im Allgemeinen verbessern sich die Abgasemissionen beim Einsatz von Biodiesel, wie nachfolgende Abbildung verdeutlicht: Grund hierfür ist, dass „Diesel" ein Gemisch

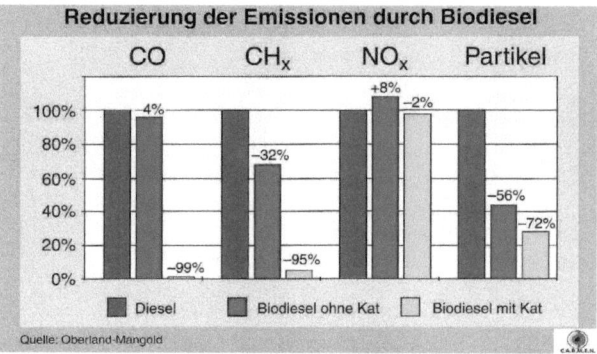

Abbildung 4.8: Verminderung der Abgasemissionen beim Einsatz von Biodiesel

aus verschiedenen Kohlenwasserstoffen ist und beispielsweise auch Schwefelanteile enthält. „Biodiesel" hingegen enthält nur RME und zudem bereits geringe Mengen an Sauerstoff, wodurch weniger unerwünschte Nebenprodukte bei der Verbrennung anfallen.

Die ähnlichen physikalischen Parameter beider Treibstoffarten ist in nachfolgender Tabelle erkennbar [18, 19, 20, 26]:

Kennwert	Diesel	„Biodiesel"
Dichte(kg/l)	0,82 - 0,845	0,86 - 0,90
Siedepunkt (°C)	170 - 390	300
Flammpunkt (°C)	55	>150
Cetanzahl(Zündwilligkeit)	> 51	> 51
Heizwert (MJ/l|	35,7	32,6

480 4.1.4 Auftretende Probleme in der Praxis

Das gravierenste Problem liegt derzeit in der Aggressivität des Biodiesels. Dichtungen und Motoren halten dem aggressiven Biodiesel längst nicht so lange stand, wie beim Betrieb mit herkömmlichen Kraftstoffen. Jedoch ist die Zumischung zu herkömlichen Diesel bis zu einem Anteil von 5% nach bisherigen Erkenntnissen und Erfahrungen aus der Praxis ohne
485 Bedenken möglich und wird so auch von der Politik gefordert [12]. Eine Umrüstung der Dieselmotoren für diese Zumischung ist nicht erforderlich.

Auch ist der Biodiesel ohne Zusatz von Additiven, die beispielsweise einen Einsatz bei Frost gewährleisten und ein Auskristallisieren des RME verhindern, nicht zu verwenden.

4.2 „Bioethanol"

490 Aus den einheimischen nachwachsenden Rohstoffen können aber auch leicht zu entflammende Kraftstoffe hergestellt werden, die benzinähnliche Eigenschaften (z.b. geringe Viskosität, niedriger Flammpunkt, etc.) besitzen. Ein Beispiel hierfür ist der sog. „Bioethanol". Man versteht darunter im Grunde nichts anderes als den Trinkalkohol Ethanol (C_2H_5OH). Als Ausgangsmaterialien für die Bioethanolgewinnung dienen zuckerhaltige Pflanzen wie bei-
495 spielsweise Zuckerrüben und stärkehaltige Pflanzen, wie Mais, verschiedene Getreidesorten oder Kartoffeln. Aber auch cellulosehaltige Pflanzen und Pflanzenteile (Holz, Stroh) sind geeignet.

Im Folgenden soll das Herstellungsprinzip erläutert werden, welches wiederum durch einen kleineren Eigenversuch abgerundet wird. Zum Schluss soll noch ein kleiner Vergleich zu
500 handelsüblichem Benzin gezogen werden.

4.2.1 Herstellung

Sofern zuckerhaltige Pflanzen als Ausgangsstoffe verwendet werden, kann der Zucker dieser Pflanzen durch Mikroorganismen, wie z.b. Hefen, direkt zu Alkohol vergoren werden. Die beispielsweise in der Rübe enthaltenen Zuckermoleküle („Saccharose") bestehen aus je ei-
505 nem Glucose- und Fructosemolekül, die über eine Sauerstoffbrücke miteinander verbunden sind. Je nach Art der eingesetzten Hefe spalten hefeeigene Enzyme diese Zuckermoleküle in Glucose und Fructose (Saccharose wird z.B. durch das Enzym Saccharase in Glucose und Fructose gespalten) und verarbeiten diese weiter zu Ethanol. Diese Methode findet vor allem in Brasilien, welches in der Vergangenheit eine Vorreiterrolle auf diesem Gebiet
510 einnahm, Anwendung [21]: Überschüssiger Rohrzucker wird dort vergoren, der entstandene Alkohol destilliert und anschließend als Treibstoff verwendet.

Pflanzen, die überwiegend Stärke und Cellulose enthalten, erfordern einen höhern Aufwand. Stärke und Cellulose sind Vielfachzucker (so genannte Polysaccharide) und bestehen aus vielen über Sauerstoffbrücken aneinander gereihten α bzw. β D-Glucose-Zuckermolekülen.
515 Um die Polysaccharide vergären zu können, müssen sie zuerst wieder in Mono- oder Disaccharide, also Einfach- oder Zweifachzucker, hydrolysiert (gespalten) werden. Grund hierfür ist, dass die Hefen, je nach dem, welche Gattung verwendet wird, nur Einfachzucker wie Glucose und Fructose und Zweifachzucker, wie Maltose, zu Ethanol vergären können. Eine

direkte Vergärung von Polysacchariden ist durch diese Kleinstlebewesen nicht möglich. Die
Hydrolyse kann auf verschiedenen Arten erfolgen:
Zum einen ist eine Hydrolyse durch Kochen mit verdünnten Säuren möglich. Dabei werden unter Säurekatalyse die glucosidischen Bindungen zwischen den Glucosemolekülen unter Wassereinlagerung wieder gespalten. Wird die Hydrolyse lange genug durchgeführt, so lässt sich das Polysaccharid vollständig in seine Glucosebausteine spalten. Die nachfolgende Reaktionsgleichung verdeutlicht diesen Vorgang am Beispiel der Cellulose („Holzverzuckerung"):

$$(C_6H_{10}O_5)_n \quad + \quad n\ H_2O \quad \xrightarrow{H^+} \quad n(C_6H_{12}O_6)$$

Zum anderen ist es aber auch möglich, die Polysaccharide durch den Einsatz von Enzymen in Mono- und Disaccharide zu spalten. Ein Beispiel für ein derartiges Enzym ist die Amylase, welche die in der Stärke enthaltene Amylose in das Disaccharid Maltose (Malzzucker) spaltet:

$$(C_{12}H_{20}O_{10})_n \quad + \quad n\ H_2O \quad \xrightarrow{Amylase} \quad n(C_{12}H_{22}O_{11})$$

Der Einsatz von Enzymen erfordert aber nicht zwangsläufig die zusätzliche Zugabe spezieller Enzyme zum Rohstoff. In Getreidekörnern sind so beispielsweise bereits Enzyme vorhanden, die die im Korn enthaltene Stärke bei der Keimung spalten. Analog zu dem in der Bierproduktion bekannten Vorgängen ist es nun möglich, die Getreidekörner bei entsprechender Temperatur (ca. 15°C) in Wasser aufzuweichen und zum Keimen zu bringen, wobei die Stärke in Maltose gespalten wird.

Die Hefen enthalten das Enzym Maltase, welches den Malzzucker weiter zur Glucose abbaut, die dann in einer komplizierten chemischen Reaktionskette zu Ethanol und Kohlenstoffdioxid oxidiert wird. Die Gesamtreaktion verläuft dabei zusammengefasst nach folgender Gleichung ab:

$$2C_6H_{12}O_6 \quad \longrightarrow \quad 2C_2H_5OH \quad + \quad 2CO_2$$

In einem anschließenden Destillationsprozess wird der Ethanol abgetrennt und steht nach einem eventuellen Zusatz von Additiven als Treibstoff zu Verfügung.

4.2.2 Laborversuch zur Herstellung von „Bioethanol"

4.2.2.1 Gewinnung von Stärke aus Kartoffeln

Zur Gewinnung des Grundmaterials Stärke dienen Kartoffeln. Diese werden geschält, und so gut wie möglich zerkleinert. Anschließend werden die Stücke in Wasser aufgeweicht. Die Kartoffelstücke werden auf ein Geschirrtuch gegeben und die Stärke mit Hilfe des Geschirrtuches ausgepresst. In der dabei entstandenen Wasser-Stärke-Suspension setzt sich die Stärke bereits nach wenigen Minuten als Bodensatz ab (siehe Abbildung 4.9), sodass das überschüssige Wasser abgeschüttet werden kann und die reine Kartoffelstärke zurückbleibt. Die Stärke wurde zum Trocknen einige Tage stehen gelassen. Allgemein bleibt zu dieser „Labormethode" anzumerken, dass sie nicht sehr effektiv ist. Sie erfordert einen hohen Aufwand an Zeit und Gerätschaften bei gleichzeitig nur sehr geringer Ausbeute. So können aus 500 g Kartoffeln auf diesem Wege nur wenige Gramm Stärke, die zusätzlich noch durch kleinere Kartoffelreste verunreinigt sind, gewonnen werden. Daher wird die Menge an Stärke, die nicht durch die selbst hergestellte Stärke abgedeckt ist, durch handelsübliche Speisestärke („Osna Speisestärke") ersetzt.

Abbildung 4.9: Stärkesatz vor dem Dekantieren

560

4.2.2.2 Hydrolyse der Stärke durch verdünnte Salzsäure

Bevor Stärke durch Hefepilze zu Ethanol abgebaut werden kann, muss die Stärke, wie im Kapitel 4.2.1 beschrieben ist, zuerst in Mono- und Disaccharide gespalten werden. Dies kann durch Enzyme oder durch den Einsatz verdünnter Säuren geschehen. Es werden zwei

565 Versuchsansätze verwendet, um den säurenkatalysierten Weg und die Spaltung mit Hilfe von Enzymen zu demonstrieren.

Versuch A (Säurehydrolyse):
Für den vorliegenden Versuch wird die selbsthergestellte Stärke mit ca. 50 ml destilliertem

570 Wasser und 10 ml verdünnter Salzsäure vermischt. Das Gemisch wird unter ständigem Rühren in einem Becherglas ca. zwei Stunden lang bei einer Temperatur zwischen 60 und 90°C gekocht.

Um die Spaltung der Stärke in Mono- und Disaccharide zu überprüfen wird im Anschluss daran eine Fehling-Probe durchgeführt. Hierzu wird ein Reagenzglas ca. 2 cm hoch mit

575 der gekochten Suspension gefüllt und anschließend Fehling-I-Lösung (Kupfer-II-Sulfat und Komplexbildner Kaliumnatriumtartrat) sowie Fehling-II-Lösung (Natronlauge) hinzugege- ben. Das Reagenzglas wird über der offenen Brennerflamme erhitzt. Die durch die Kupfer- Ionen blaugefärbte Flüssigkeit verfärbt sich bei einer positiven Fehlingprobe in eine durch Kupfer-II-Oxid bedingte ziegelrote Farbe. Bei der durchgeführten Fehling-Probe bildete

580 sich sehr schnell eine rote Verfärbungen. Einen gute Vergleichsmöglichkeit für die Farbe der Lösung vor und nach dem Erhitzen gibt Abbildung 4.10.

Die Bildung von rotem Kupferoxid lässt eindeutig darauf schließen, dass oxidierbare Zucker (d.h. Monosaccharide bzw. Disaccharide, die zu einer Ringöffnung und somit zur Ausbil- dung einer Aldehydgruppe fähig sind) in der Lösung vorhanden sind.

585 Um später die Hefe durch den niedrigen pH-Wert nicht zu zerstören, wird nach der er- folgreich durchgeführten Fehlingprobe zur hydrolisierten Stärke-Suspension tropfenweise verdünnte Natronlauge (gleich stark konzentriert wie die Säure) hinzugegeben, bis sich der pH-Wert auf einen Wert zwischen sieben und acht eingestellt hat. Nach Zugabe eines jeden

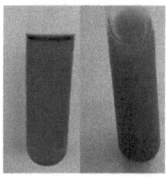

Abbildung 4.10: blaue Lösung vor der Durchführung der Fehlingprobe im Vergleich zur roten Lösung nach erfolgreicher Fehlingprobe

Tropfens wurde der pH-Wert mit einem Teststreifen kontrolliert.

Versuch B (Enzym Amylase):

Zu einer Stärke-Wasser-Suspension (10 g Speisestärke auf 50ml Wasser) werden zwei Spatelspitzen des Enzyms α-Amylase gegeben und das geschlossene Gefäß[1] für eine Woche bei Raumtemperatur (22°C) stehen gelassen. Das Enzym spaltet die Stärke in das 1→ 4 α glucosidisch verbundene Disaccharid Maltose („Malzzucker") Um diese Spaltung nachzuweisen wird ebenfalls ein Fehling-Probe durchgeführt. Wie bei Versuch A zeigt sich bereits nach kurzem Erhitzen des Reagenzglases eine ziegelrote Verfärbung (siehe Abbildung 4.11).

Abbildung 4.11: positive Fehlingprobe Versuch B

4.2.2.3 Vergärung der Stärke zu Ethanol durch Einsatz von Hefepilzen

Um die entstandene Zuckerlösung schlußendlich zu Ethanol zu vergären, wird den beiden Versuchen A und B jeweils ca. 3 g handelsübliche Backhefe beigesetzt. Die beiden Versuchsansätze werden mit einem Stopfen und einem Vergärungsrohr verschlossen. In die Glaskugeln des Gärungsrohres wird anschließend Kalkwasser ($Ca(OH)_2$) eingefüllt. Beide Versuchsansätze werden anschließend eine Woche lang bei Raumtemperatur stehen gelassen. Das bei der Gährung freiwerdende Kohlendioxid verbindet sich mit den Ca^{2+}-Ionen und Hydroxid-Ionen des Kalkwassers zu unlöslichem Calciumcarbonat (Kalk), das als weißer Niederschlag im Gärungsrohr ausfällt.

Versuchsbeobachtung:

In beiden Versuchsansätzen zeigen aufsteigende Blasen und ein weißer Niederschlag im Gärungsrohr schon kurze Zeit (ca. 15-20 Minuten) nach der Zugabe der Hefe, dass eine Vergärung des Zuckers durch die Hefe eingesetzt hat. Nach einer Woche ist ein, auch von

---

[1]Um zu vermeiden, dass Schimmelpilzsporen in die entstehende Zuckerlösung eingetragen werden und dadurch eine verfrühte Gärung mit starker Geruchsbelästigung in Gang setzen;

Außenstehenden bestätigter, stechender Alkoholgeruch in beiden Versuchsansätzen wahrnehmbar. Allerdings ist der Kalkausfall bei Versuch B um einiges stärker als bei Versuch A (siehe Abbildungen 4.12 und 4.13). Dies lässt sich nur damit erklären, dass im Ansatz A eine geringere Menge an Zucker vergoren wurde. Eine Vergärung fand bei Versuch A auf jeden Fall statt, da das Hefemyzel gut erkennbar war (Abb. 4.14).

Am Ende des Gärprozesses setzt sich die Hefe am Boden des Kolbens ab, da sie nur eine bestimmte Alkoholkonzentration unbeschadet übersteht.

Abbildung 4.12: Gasblase im Gärrohr und Kalkniederschlag bei Versuch A

Abbildung 4.13: Kalkniederschlag bei Versuch B

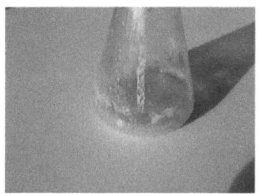

Abbildung 4.14: Hefemyzel im Versuch A

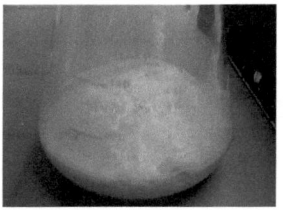

Abbildung 4.15: Hefemyzel im Versuch B

4.2.2.4 Abdestillation des entstandenen Alkohols

Die Bildung von Ethanol ist bereits durch den stechenden Alkoholgeruch und die Bildung von CO_2 beim Gärprozess belegt. Um die Eignung des Ethanols als Kraftstoff für Ottomotoren nachzuweisen soll in diesem Versuchsschritt der Alkohol durch Destillation angereichert werden und dessen Brennbarkeit durch Entzünden nachgewiesen werden. Zur Anreicherung und Trennung des Alkohols von den anderen Rückständen (Hefe, Wasser, Stärkeüberschuss) wird eine Destillationsapparatur aufgebaut und der Alkohol abdestilliert. Um eine höhere Ausbeute an Ethanol zu erreichen wird der Inhalt beider Versuchsansätze in einem Erlenmeyerkolben vereinigt. Nachfolgendes Foto zeigt den Aufbau der Destillationsapparatur:

Die Ausbeute von 2 bis 3 Tropfen Alkohol war jedoch nicht zufriedenstellend, was durch folgende Gründe erklärt werden kann:

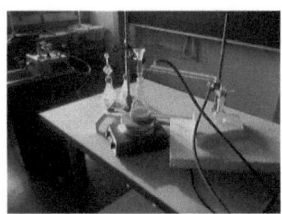

Abbildung 4.16: Destillationsapparatur zur Anreicherung des Alkohols

1. Die Alkoholdämpfe kondensierten bereits teilweise vor dem Kühler am kalten Glas

2. Die geringe Menge an Ethanol, die sich tatsächlich im Kühler gesammelt hatte und dort kondensiert ist, blieb im Kühler und floss nicht in das Auffanggefäß

3. Beim Siedevorgang schäumte die Emulsion stark auf, sodass der gelbliche, mit Stärke- und Amylaserückständen verunreinigte Schaum durch den Kühler floss und die wenigen sich dort gesammelten Alkoholtropfen verunreinigte.

Aus diesem Grund wird die Idee, den Alkohol durch Destillation anzureichern und danach die Brennbarkeit des Alkohols zu testen, verworfen.

Als Alternative hierzu wird deswegen die Möglichkeit forciert, in einem neuerlichem Versuch mit einem neuen Gärungsansatz den Alkohol wieder bis zum Sieden zu erhitzen, diesen aber nicht in einer Destillationsapparatur aufzufangen und wieder bis zum flüssigen Aggregatzustand abzukühlen, sondern die Ethanoldämpfe durch ein ca. 0,8 m langes Kapillarrohr aus Glas zu leiten und am Ende des Kapilarrohes die Alkoholdämpfe direkt mit einem brennenden Holzstab zu entzünden. Den Versuchsaufbau zeigt Abbildung 4.17:

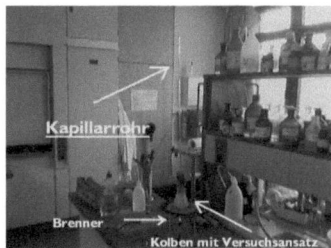

Abbildung 4.17: Versuchsaufbau zum Entzünden der Alkoholdämpfe

Der neuerliche Gärungsversuch wird der Einfachheit halber analog zum Versuch B durchgeführt. In der Zwischenzeit wird in einem Vorversuch die direkte Verbrennung der Ethanoldämpfe am Ende des Kapillarrohres mit einem Ethanol-Wasser-Gemisch (100 ml Wasser auf 10ml Brennspiritus) getestet. Der Vorversuch fiel sehr zufriedenstellend aus. Am Ende des Kapillarrohres brannte der Ethanol mit einer ca. 10-20 cm hohen Flamme ab.

Auch der Versuch mit dem aus der Vergärung von Stärke stammenden Gemisch fällt positiv aus. Nach zehnminütiger Erhitzung über der offenen Brennerflamme schäumt das Gemisch

25

stark auf, im Kapillarrohr steigt Stück für Stück der Ethanoldampf auf, kondensiert dort teilweise, wird aber vom nachströmenden Ethanol-Wasser-Dampfgemisch weiter nach oben gerissen. Am Ende des Kapillarrohres brennt der Ethanol dann für ca. acht bis zehn Se-
655 kunden mit einer ca. 20 cm hohen Flamme ab.

Anhand dieses Versuches lässt sich erahnen, welch großer Energiebetrag man bei der Verbrennung von Ethanol freisetzen kann.

Abbildung 4.18: Flamme am Ende des Kapillarrohres

Abbildung 4.19: brennender Alkohol am Ende des Kapillarrohres

4.2.3 Vergleich mit handelsüblichem Benzin

Die nachfolgende Tabelle soll einen kurzen Überblick über die charakteristischen Eigen-
660 schaften von Benzin und Ethanol geben [22, 23, 24]:

Kennwert	Normalbenzin	Ethanol
Dichte(kg/l)	0,74	0,79
Schmelzpunkt (°C)	< -60	-114,5
Siedebereich/-punkt (°C)	30 - 215	78
Verdampfungsenergie (kJ/kg)	335	910
Zündfähiges Gemisch (Vol.-%)	0,6-8,0	3,5-15
Octanzahl OZ (Kopffestigkeit)	91	110
Sauerstoffgehalt (Gewichts-%)	< 3	34,7

Wie allgemein bekannt ist, besteht Benzin immer aus einem Gemisch verschiedener Kohlenwasserstoffe, karzinogenen Aromaten wie Benzol und enthält teilweise auch noch Schwefelverbindungen. Die bei der Verbrennung freiwerdenden Abgase zeichnen sich durch einen ho-
665 hen Kohlenstoffmonoxid und -dioxidanteil sowie durch weitere schädliche Gase wie Schwefeldioxid oder Stickoxide aus.

Ethanol hingegen ist kein Stoffgemisch. Aromate und Schwefelverbindungen sind also nicht enthalten, wodurch bei der Verbrennung auch keine Schwefeloxide anfallen. Betrachtet man das Ethanolmolekül (C_2H_6O) genauer, so ist festzuhalten, dass dieses pro Mol eine Masse
670 von $2 \cdot 12,01\,g + 6 \cdot 1,00\,g + 15.99\,g = 46,01\,g$ besitzt. Pro Mol Ethanol sind 15,99 g Sauerstoff enthalten. Dies ergibt pro Mol einen Sauerstoffgehalt von $\frac{15,99g}{46,01g} = 34,7$ Massenprozent. Dieser hohe Sauerstoffanteil im Ethanol senkt im Vergleich zu Benzin, bei dem dieser Gehalt nur bei etwa 3 % liegt, die CO und CH_x-Emissionen. Ethanol verbrennt im Motor also deutlich sauberer zu Wasser und Kohlenstoffdioxid als Benzin. Zusätzlich

675 erhöht Ethanol den Motorenwirkungsgrad, da er stärker verdichtet werden kann (höhere Oktanzahl).

Ethanol ist in den heutzutage vorhandenen Ottomotoren aus verschiedenen Gründen nicht in Reinform einsetzbar [24]:

- Schlechteres Kaltstartverhalten: Ethanol benötigt bei der Verdampfung wesentlich
680 mehr Energie als herkömmlicher Benzin (vgl. Tabelle) und siedet erst wesentlich später als Benzin.

- Aggressives Korrosionsverhalten: Gegenüber Dichtungen und Metallen besitzt Ethanol ein größeres Korrosionsverhalten als Benzin. Es müssen zuerst die korossionsanfälligen Materialen durch beständigere ausgetauscht werden, oder die Oberflächen
685 geschützt werden.

- Änderungen am Motor und der Motorregelung: Um reinen Ethanol einzusetzen, müssen zuerst verschiedene Änderungen beispielsweise an der Lambda-Sonde oder am Einspritzstrahl vorgenommen werden, um den Motor den spezifischen Eigenschaften des Ethanols anzupassen.

690 Ethanol kann aber gefahrlos handelsüblichem Benzin bis zu einem Anteil von höchstens 10% beigemischt werden. Bei größeren Ethanol-Anteilen oder beim Betrieb eines Ottomotors mit reinem Ethanol sind aber Änderungen am Motor notwendig. Diese Änderungen sind technisch möglich. In Schweden wird bereits an 140 Tankstellen[1] so genannter E85-Sprit angeboten. Dieser Treibstoff besteht zu 85 % aus Ethanol und zu 15 % aus normalem
695 Benzin. Die dafür geeigneten Fahrzeuge werden als FFV (Flexible Fuel Vehicle) angeboten und ermöglichen über eine spezielle Motorsteuerung den Betrieb mit beliebigen Mischungsverhältnissen von Benzin und Ethanol.

---

[1]Die Anzahl soll laut der Ford-Werke GmBH Köln bis zum Jahr 2006 auf 600 steigen.

Kapitel 5

Nachwort

Wie im Laufe dieser Arbeit deutlich wurde, sind einheimische nachwachsende Rohstoffe für eine Vielzahl von Anwendungs- und Nutzungsmöglichkeiten geeignet. Insbesondere stechen hierbei die in Deutschland vorkommenden öl-, stärke-, cellulose- und zuckerhaltigen Pflanzen und Pflanzenteile hervor.

Allerdings sind im Rahmen dieser Arbeit noch längst nicht alle Anwendungsmöglichkeiten vorgestellt worden. Gänzlich unbehandelt blieb beispielsweise die vielfach schon oft praktizierte Herstellung von Biogas aus Gülle und pflanzlichen Abfallstoffen, etc. Auch selbst bei den vorgestellten Anwendungsgebieten blieb eine Vielzahl von technischen Möglichkeiten unbeleuchtet.

In der Zukunft wird sich herausstellen, welche dieser vorgestellten Produkte sich durchsetzen werden können und welche, mögen sie heute noch so gerühmt und gelobt werden, wieder vom Markt verschwinden werden. Es werden aber in der Zukunft auch sicherlich interessante Neuentdeckungen und Neuentwicklungen, sowohl technischer als auch wissenschaftlicher Natur, auf uns zukommen. Als Beispiel sei hier abschließend das BTL-Verfahren (Biomass to Liquids; flüssige Kraftstoffe aus Biomasse) genannt, bei dem biogene Stoffe zuerst in ein Synthesegas aus Wasserstoff, Kohlenmonoxid und Kohlendioxid überführt werden, *„aus dem sich dann beliebige Kraftstoffe katalytisch synthetisieren lassen."* [25]

Gleichwohl, in welche Richtung sich die Entwicklung bewegen wird, eines wird gewiss sein: Spätestens bis zum Versiegen der Erdölquellen, sollten wir uns funktionsfähige Konzepte erarbeitet haben, die eine nachhaltige Nutzung der auf der *gesamten* Erde verfügbaren biologischen Ressourcen anstelle des Erdöls ermöglichen. Dies erfordert aber auch von uns ein Umdenken und vielleicht auch ein Ablegen alter Gewohnheiten und Bequemlichkeiten.

Literaturverzeichnis

[1] vgl.:*"Richtlinie 2003/30/EG des Europäischen Parlaments und des Rates vom 8. Mai 2003 zur Förderung der Verwendung von Biokraftstoffen oder anderen erneuerbaren Kraftstoffen im Verkehrssektor"*, erschienen im Amtsblatt der Europäischen Union vom 17. Mai 2003 (*www.biodiesel.de/download/EU_RichtlinieBiokraftstoffe2003.pdf*, 18.05.2005)

[2] vgl.: Jakob, Hoffmann, Glöckner: *"Struktur und Reaktionsverhalten organischer Verbindungen"*, C.C.Buchners Verlag Bamberg, 1. Auflage 1984; Kapitel 1.4 "Petrochemie" (S.6-7)

[3] WOLFRAM TÄNZER: *Biologisch abbaubare Polymere*; Deutscher Verlag für Grundstoffindustrie, Stuttgart 2000; Kapitel 4.1.1.2 „Stärke"

[4] C.A.R.M.E.N. e.V. Centrales Agrar- Rohstoff- Marketing- und Entwicklungs- Netzwerkt: BENZ, SCHARF, WEBER (Hrsg.): *Nachwachsende Rohstoffe* Neubearbeitung; Aulis Verlag Deubner; Kapitel „Stärke1" und „Stärke2"

[5] *Prof. Blumes Bildungsserver für Chemie* (*http : //dc2.uni − bielefeld.de/dc2/nachwroh/nrv_03.htm*, 17.10.2005)

[6] CHARLES E.MORTIMER, ULRICH MÜLLER: *"Das Basiswissen der Chemie"*, Thieme-Verlag Stuttgart, 8., komplett überarbeitete und erweiterte Auflage; Kapitel 31.6: Carbonsöuren und ihre Derivate; Abschnitt Hydroxycarbonsäuren S.562

[7] vgl.:Dipl.-Ing. GERHARD BAUER: *"Ölhydraulik"*, Kapitel 3 „Druckflüssigkeiten" Teubner Studienskripten, 7.Auflage 1998;

[8] *"Von der Forschung zum Markt - 10 Jahre Fachagentur Nachwachsende Rohstoffe"*, Herausgeber: Fachagentur Nachwachsende Rohstoffe e.V. (FNR), Hofplatz 1, 18276 Gülzow; Artikel: *„Auf der Überholspur: Schmierstoffe Pflanzlich Leistungsfähig; Dr. Heinrich Theissen; IFAS Institut für fluidtechnische Antriebe und Steuerungen der RWTH Aachen;*

[9] *Bioschmierstoffe im Forst*; Herausgeber: Fachagentur Nachwachsende Rohstoffe e.V. (FNR); 2004

[10] vgl. Kapitel 6 der Dissertation von Dipl.-Ing. Univ. OLIVER FALK zum Themea *"Entwicklung von oxidationsstabilen Schmierstoff-Grundölen auf Basis von*

Monoalkylestern aus Altspeise- und Tierfetten", angenommen von der Technischen Universität München am 19.02.2004; (*http : //tumb1.biblio.tu − muenchen.de/publ/diss/ww/2004/falk.pdf*, 03.09.2005)

[11] Zitat entnommen aus der Broschüre: *"Von der Forschung zum Markt - 10 Jahre Fachagentur Nachwachsende Rohstoffe"*, Herausgeber: Fachagentur Nachwachsende Rohstoffe e.V. (FNR), Hofplatz 1, 18276 Gülzow; (S. 56)

[12] vgl.: Artikel 3, Absätze 1b)i) und 1b)ii) der *"Richtlinie 2003/30/EG des Europäischen Parlaments und des Rates vom 8. Mai 2003 zur Förderung der Verwendung von Biokraftstoffen oder anderen erneuerbaren Kraftstoffen im Verkehrssektor"*, erschienen im Amtsblatt der Europäischen Union vom 17. Mai 2003 (*www.biodiesel.de/download/EU_RichtlinieBiokraftstoffe2003.pdf*, 18.05.2005)

[13] Zahlen entnommen: Unterrichtsbaustein Sekundarstufe II   FOOD, SCHOOL & LIFE Sekundar 1 2005: *Die neuen Ölfelder - Der Rapsanbau in Deutschland*

[14] vgl.: Kapitel 3.4 Der Dissertation von Dipl.-Ing. Univ. OLIVER FALK zum Thmea *"Entwicklung von oxidationsstabilen Schmierstoff-Grundölen auf Basis von Monoalkylestern aus Altspeise- und Tierfetten"*, angenommen von der Technischen Universität München am 19.02.2004; (*http : //tumb1.biblio.tu − muenchen.de/publ/diss/ww/2004/falk.pdf*, 03.09.2005)

[15] vgl.: Kapitel 1 (Einführung)M. MARKOLWITZ / Dr. JOHANNES RUWWE Degussa Aktiengesellschaft, Niederkassel-Lülsdorf, Bundesrepublik Deutschland*"Herstellung von Biodiesel mit Alkoholat-Katalysatoren"* (*www.degussa − biodiesel.com/content/11/16/TAE_2003_de.pdf*, 25.07.2005)

[16] C.A.R.M.E.N. e.V. Centrales Agrar- Rohstoff- Marketing- und Entwicklungs- Netzwerkt: BENZ, SCHARF, WEBER (Hrsg.): *Nachwachsende Rohstoffe* Neubearbeitung; Aulis Verlag Deubner; Kapitel: Experimente zu Pflanzenöl - Herstellung von Biodiesel duch Umesterung; S. XVII/7

[17] vgl.: „Versuchsreihe mit Rapsöl Versuch 3: Herstellung von Biodiesel im Schülerversuch" (*www.marlene − walter.de/chemie/klasse12/rapsoel/v3_biodiesel.html*; 27.12.2005)

[18] Daten entnommen: Sicherheitsdatenblatt für das Produkt: *AVIA DIESEL/AVIA DIESEL PLUS* (*www.avia.de/html/schmieren/php/ausgabe_datenblaetter.php?pfad = 10.30&dateiname = 30.3.S.pdf*; 27.12.2005)

[19] Daten entommen: Sicherheitsdatenblatt für das Produkt: *Bio-Diesel* GKG Mineraloel Handel GmbH & Co KG Stuttgart (*www.gkg − oel.de/fileadmin/gkg − oel/Dokumente/Bio − Diesel_RME − FAME_GKG_2_.pdf*; 27.12.2005)

[20] *Zertifikat - Biodiesel* der MUW Bitterfeld

[21] „Kieler Arbeitspapier Nr. 1236 Biokraftstoffe - Eine weltwirtschaftliche Perspektive von Jan M. Henke Februar 2005", Institut für Weltwirtschaft Düsternbrooker Weg 120 24105 Kiel ($www.uni - kiel.de/ifw/pub/kap/2005/kap1236.pdf$, 19.11.2005)

[22] Daten entnommen: Sicherheitsdatenblatt für das Produkt: *AVIA BENZIN* ($www.avia.de/html/schmieren/php/ausgabe\_datenblaetter.php?pfad = 10.30\&dateiname = 30.1.S.pdf$, 27.12.2005)

[23] Daten entnommen: Sicherheitsdatenblatt für das Produkt: *ETHANOL ROTIPURAN* Carl ROTH GmbH & Co KG Karlsruhe ($www.carl - roth.de/jsp/de - de/sdpdf/6752.PDF$, 27.12.2005)

[24] Vortrag von Dr. HARTMUT HEINRICH (Volkswagen AG) zum Thema: *Bioethanol und ETBE - Die Position der Fahrzeugindustrie im Kontext der internationalen Entwicklung*; Kraftstoffe der Zukunft 3. Int. Fachkongress für Biokraftstoffe des BBE und der UFOP; Berlin, 15. November 2005 ($http : //www.bioenergie.de/BKK/2005/Praesentationen/heinrich.pdf$, 05.01.2006)

[25] *"Von der Forschung zum Markt - 10 Jahre Fachagentur Nachwachsende Rohstoffe"*, Herausgeber: Fachagentur Nachwachsende Rohstoffe e.V. (FNR), Hofplatz 1, 18276 Gülzow; (S. 60)

[26] C.A.R.M.E.N. e.V. Centrales Agrar- Rohstoff- Marketing- und Entwicklungs- Netzwerkt: BENZ, SCHARF, WEBER (Hrsg.): *Nachwachsende Rohstoffe* Neubearbeitung; Aulis Verlag Deubner; Kapitel: Pflanzenöl-Treibstoffe; S. V/4

31

Bildnachweis

Abbildung 2.4: Charles E. Mortimer, Ulrich Müller - Das Basiswissen der Chemie; S. 562

Abbildung 2.3: Herbert Fackler, nach Vorlage von Wolfram Tänzer, Biologisch abbaubare Polymere; S. 91, Abb. 4.5

Abbildung 3.1: Dipl.-Ing. Univ. OLIVER FALK

Abbildung 3.3: C.A.R.M.E.N. e.V.; Nachwachsende Rohstoffe, Seite XIII/11 (durch den Verfasser dieser Arbeit korrigiert und verbessert)

Abbildung 4.1: Herbert Fackler, nach Vorlage von Dipl.-Ing. Univ. OLIVER FALK

Abbildung 4.2: Herbert Fackler, nach Vorlage von Dipl.-Ing. Univ. OLIVER FALK

Abbildung 4.3: *www.marlene−walter.de/chemie/klasse*12*/rapsoel/v*3*_ biodiesel.html*; 27.12.2005

Abbildung 4.8: C.A.R.M.E.N. e.V.; Nachwachsende Rohstoffe, Seite V/2

Abbildung 4.19: Christian Kreuzer, 22.12.2005

Alle übrigen Abbildungen wurden durch den Verfasser im Rahmen dieser Arbeit selbst erstellt.